BEI GRIN MACHT SICH IHR WISSEN BEZAHLT

- Wir veröffentlichen Ihre Hausarbeit,
  Bachelor- und Masterarbeit

- Ihr eigenes eBook und Buch -
  weltweit in allen wichtigen Shops

- Verdienen Sie an jedem Verkauf

Jetzt bei www.GRIN.com hochladen und kostenlos publizieren

David Brückner

Untersuchung zur Dürretoleranz von Althaea officinalis

GRIN Verlag

Bibliografische Information der Deutschen Nationalbibliothek:

Die Deutsche Bibliothek verzeichnet diese Publikation in der Deutschen National-
bibliografie; detaillierte bibliografische Daten sind im Internet über http://dnb.d-
nb.de/ abrufbar.

Impressum:

Copyright © 2010 GRIN Verlag GmbH
Druck und Bindung: Books on Demand GmbH, Norderstedt Germany
ISBN: 978-3-656-34975-4

Dieses Buch bei GRIN:

http://www.grin.com/de/e-book/207371/untersuchung-zur-duerretoleranz-von-
althaea-officinalis

Untersuchung zur Dürretoleranz von *Althaea officinalis* L.

David Brückner

Jugend-Forscht 2010

Untersuchung zur Dürretoleranz von *Althaea officinalis* L.

David Brückner

Im Rahmen meines Jugend-Forscht-Projektes habe ich Untersuchungen zur Charakterisierung der Dürretoleranz der gefährdeten einheimischen Pflanze *Althaea officinalis* L. mittels Chlorophyllfluoreszenzmessungen durchgeführt.

Ich stellte mir die Frage, wie gefährdete einheimische Pflanzen auf Dürreperioden, die auf Grund des Klimawandels in Mitteleuropa verstärkt auftreten könnten, reagieren.

Dazu habe ich mir auf Grund ihrer Zeigerwerte für Bodenfeuchtigkeit zwei Beispielpflanzen ausgesucht: *Althaea officinalis* (Echter Eibisch) und *Chenopodium bonus-henricus* (Guter Heinrich). Die Aussaat des Guten Heinrich schlug fehl, deshalb konnte ich nur mit einer Pflanzenart arbeiten. Um herauszufinden, wie *Althaea officinalis* auf Dürreperioden reagiert, habe ich die Chlorophyllfluoreszenz der Pflanzen mit einer speziellen Kamera sichtbar gemacht. Die Chlorophyllfluoreszenz ist ein Maß für den Stresszustand einer Pflanze.

Um erfassen zu können, wie die Pflanze auf verschieden lange Dürreperioden reagiert, habe ich immer vier Pflanzen 2, 4, 6, 8, 10 und 13 Tage lang trockenexponiert.

Die Ergebnisse zeigen, dass *Althaea officinalis* Dürreperioden von bis zu sechs Tagen ohne bleibende Schäden überlebt. Bei einer Dürre von acht Tagen hingegen überlebt nur eine von vier Pflanzen. Ab einer Dürre von 10 Tagen sind alle Pflanzen chronisch geschädigt.

Aus diesen Ergebnissen lässt sich schlussfolgern, dass *Althaea officinalis* bei zunehmender Häufigkeit und Intensität von Dürre durch den Klimawandel gefährdet ist. Da auch viele andere Pflanzen ähnlich wie *Althaea officinalis* nicht an Wassermangel angepasst sind, besteht die Gefahr, dass die einheimische Flora an Artenvielfalt verliert.

Untersuchungen weiterer Arten würden genauere Aussagen über die mögliche Veränderung der einheimische Flora durch Trockenperioden zulassen.

INHALTSVERZEICHNIS

1. Einleitung

Seit 1860 ist die weltweite Durchschnittstemperatur um ca. 1 °C gestiegen. Dies hat weitreichende Folgen. 2005 gab es in Spanien die schlimmste Trockenheit seit 60 Jahren; 80 Millionen Obstbäume verdorrten, 50 % der Weizenernte wurde vernichtet und es kam zu verheerenden Waldbränden.

Untersuchungen der Climate Research Unit der University of East Anglia zeigen eine positive Abweichung der globalen Durchschnittstemperatur von der Durchschnittstemperatur von 1961-1990, und dass die globale Durchschnittstemperatur bis 1980 fast immer unter dem Niveau von 1961-1990 lag und danach rapide angestiegen ist. Bis zum Jahr 2100 könnte die Abweichung der Temperatur von 1961-1990 bis zu +4 °C betragen

Es gab schon häufiger in der Erdgeschichte globale Klimaschwankungen, doch die gemessenen und prognostizierten Zahlen sprengen alles schon Dagewesene. Dies und viele andere Hinweise bringen Wissenschaftler zu dem weitgehenden Konsens, dass der Klimawandel vom Menschen verursacht, also anthropogen ist. Man vermutet, dass der Mensch durch unnatürlich hohe Kohlenstoffdioxidemissionen den natürlichen Treibhauseffekt verstärkt, der eine Erhöhung der globalen Durchschnittstemperatur induziert.

Eine Folge des Klimawandels könnten Hitzesommer sein, die nicht nur in Süd-, sondern auch in Mitteleuropa auftreten. Ein Szenario des MPI für Metereologie zeigt eine mutmaßliche Veränderung des Niederschlags im Sommer und Winter für die Periode von 2071-2100. Im Sommer werden demnach Dürreperioden auftreten.[1] Diese könnten Auswirkungen auf Teile der einheimischen Flora haben, welche an anormal lange Dürreperioden nicht angepasst ist. Herauszufinden, wie erheblich diese Auswirkungen auf ausgewählte einheimische Pflanzen sind, war Ziel meines Projektes.

---

[1] Schönwiese, C.-D.: Der globale Klimawandel und seinen Auswirkungen auf Deutschland. Praxis der Naturwissenschaften, 3.2010, 6-15

2. Fragestellung und Zielsetzung

In der Agrarindustrie wird viel geforscht, wie Nutzpflanzen, z. B. Mais, Raps und Weizen, auf Dürre reagieren, beispielsweise um deren Belastbarkeit durch genetische Modifikationen zu verbessern.[2] In meinem Projekt wollte ich herausfinden, wie gefährdete einheimische Pflanzen auf unterschiedlich lange Dürreperioden, die auf Grund des Klimawandels in Mitteleuropa verstärkt auftreten können, reagieren. Dazu wollte ich die Dürretoleranz mehrerer Beispielspflanzen mit unterschiedlichen Bodenfeuchtigkeitszeigerwerten untersuchen (s. 3.1.1. Auswahl der Pflanzen).

Die Arbeitshypothesen, die ich untersuchen wollte, waren folgende:

1. Hypothese: Die Versuchspflanzen reagieren auf Dürreperioden unterschiedlicher Länge unterschiedlich stark.

2. Hypothese: Die Versuchspflanze mit höherem Bodenfeuchtigkeitszeigerwert reagiert auf Dürre stärker als die mit geringerem Zeigerwert.

3. Hypothese: In ein und derselben Versuchsreihe überleben einige Individuen derselben Pflanzenart nicht, andere schon.

4. Hypothese: Bei längeren Dürreperioden sterben die älteren Blätter ab, nach dem Ende der Trockenbehandlung kommen jedoch jüngere wieder nach.

3. Material und Methoden

3.1. DIE PFLANZEN

3.1.1. AUSWAHL

Die Pflanzen, die ich untersuchen wollte, wählte ich nach folgenden Kriterien aus:

1. Sie sollten gefährdet sein (Gefährdungsstufe 3 nach dem Bundesartenschutzgesetz).

2. Sie sollten dennoch nicht allzu selten sein (beispielsweise endemisch auf Sylt), da sie ein üblicher Bestandteil unserer Flora und keine Rarität sein sollten.

3. Die Pflanzen mussten eine große Blattoberfläche haben, damit repräsentative Aufnahmen mit der Chlorophyllfluoreszenzkamera (siehe 3.2. Die Messungen) möglich sind.

4. Darüber hinaus sollte die Pflanze keinen Wechsel der Feuchte vertragen (Zeigerwert für Feuchtewechsel), da es beim Klimawandel Nässe- und Trockenperioden geben wird.

5. Damit ein Vergleich zwischen Pflanzen mit unterschiedlichen Bodenfeuchtigkeitszeigerwerten möglich wird, sollte eine Pflanzen ein Frischezeiger (Zeigerwert 5) und eine ein Feuchtezeiger (Zeigerwert 7) sein.

Die genannten Zeigerwerte basieren auf dem Klassifikationsverfahren nach Ellenberg. Recherchen in der Datenbank des Bundesamtes für Naturschutz auf www.floraweb.de ergaben, dass fünf Pflanzen den Bedingungen entsprachen. Saatgut waren nur vom Echten Eibisch *(Althaea officinalis)* und vom Guten Heinrich *(Chenopodium bonus-henricus)* erhältlich.

---

[2] http://www.welt.de/welt_print/article1221714/Gene_gegen_Duerre.html, 09.01.2009, Bericht der WELT über Forschungen an Genmanipulationen der Dürretoleranz

3.1.2. Beschreibung der Pflanze

Der Echte Eibisch (*Althaea officinalis*) gehört zu der Familie der Malvengewächse (*Malvaceae*) und der Ordnung der Malvenartigen (*Malvales*)[3]. Sie kommt in ganz Europa sowie Südrussland und Kasachstan vor. In Deutschland ist sie weniger häufig und der Bestand geht zurück[4].

Althaea officinalis ist eine aufrechte, krautartige Pflanze, die bis zu 150 cm groß wird.[5] Sie ist eine Halbschatten- bis Halblichtpflanze und kommt in Unkraut- und Staudenfluren vor. Sie lebt im gemäßigtem Steppenklima und ist ein Feuchtezeiger.[6]

3.1.3. Anzucht

Die *Althaea*-Pflanzen wurden ab Anfang Oktober im Gewächshaus der Abteilung für Pflanzenphysiologie der Universität Osnabrück in einer ca. 15 x 15 cm großen Schale in Einheitserde angezogen. Nach 20 Tagen wurden die Keimlinge vereinzelt. Genau 28 Pflanzen wurden in runden Plastiktöpfen mit einem Volumen von ca. 130 ml vereinzelt. 48 Tage nach der Aussaat waren die Pflanzen soweit gediehen, dass die Experimente starten konnten. Um zu gewährleisten, dass die Pflanzen kein Wasser von den anderen Versuchsreihen aufnahmen, wurden die vier Pflanzen einer Versuchsreihe in eine seperate Schale gestellt.

Mit den Keimlingen vom Guten Heinrich wollte ich ähnlich umgehen, dies war jedoch nicht möglich, da der Gute Heinrich nicht keimte. Auch eine zweite Aussaat schlug fehl. Dadurch konnte ich die Untersuchungen nur mit *Althaea officinalis* durchführen.

Die Pflanzen lebten stets unter folgenden Bedingungen:
- Sollwert Temperatur am Tag: 22 °C
- Sollwert Temperatur in der Nacht: 16 °C
- Bewässerung: Täglich um ca. 11 Uhr
- Beleuchtung: Da die Pflanzen in einem Gewächshaus standen, kam Tageslicht hinein. Allerdings gab es zusätzlich Lampen, die wie folgt geschaltet waren:
  - Beginn Tag: 7:00 h
  - Ende Tag: 20:00 h

Abbildungsreihe zur Anzucht von Althaea officinalis

Abb. 6: Aussaat von Althaea officinalis	Abb. 7: 18 Tage nach der Aussaat.	Abb. 8: 48 Tage nach der Aussaat.

---

[3] www.itis.gov/servlet/SingleRpt/SingleRpt?search_topic=TSN&search_value=21610, Steckbrief von *Althaea officinalis* auf ITIS

[4] www.floraweb.de/pflanzenarten/verbreitung.xsql?suchnr=340&, Angaben zur Verbreitung von *Althaea officinalis*

[5] http://www.floraweb.de/pflanzenarten/biologie.xsql?suchnr=340&, Biologische Merkmale von *Althaea officinalis*

[6] www.floraweb.de/pflanzenarten/oekologie.xsql?suchnr=340, Lebensraum & Ökologie von *Althaea officinalis*

3.2. DIE MESSUNGEN

3.2.1. CHLOROPHYLLFLUORESZENZ

Da es mir möglich war, in der Abteilung für Pflanzenphysiologie der Universität Osnabrück zu arbeiten, konnte ich die Messungen mit einer Chlorophyllfluoreszenzkamera durchführen, die den Parameter F_v/F_m misst und so Auskunft über den Stresszustand einer Pflanze gibt. Die Messung der Chlorophyllfluoreszenz zeichnet sich dadurch aus, dass sie nicht destruktiv ist, wie etwa die Trockengewichtsbestimmung, und dass sie relativ leicht durchzuführen ist, anders als etwa die Bestimmung des Prolingehalts.

Die Chlorophyllfluoreszenz ist ein Indikator für die Fotosyntheseaktivität. Voraussetzung für die Umwandlung von Lichtenergie in chemische Energie bei der Photosynthese ist die Weitergabe von Elektronen in der Thylakoidmembran der Chloro-plasten, was Elektronentransportkette (ETC) genannt wird. In dieser Lichtreaktion genannten Teilreaktion werden die Stoffe ATP (Adenosintriphosphat) und NADPH (Nicotinamidadenindinukleotidphosphat) gebildet und in der Dunkelreaktion zur Bildung von Glucose verwendet. Beim Transport dieser Elektronen entsteht eine Verlustleistung, die in Form von Wärme und Fluoreszenz, der so genannten Grundfluoreszenz, abgegeben wird.

Die Grundfluoreszenz (F_o) ist besonders hoch, wenn die Pflanze gestresst ist. Bei Dürrestress wird nämlich die stomatäre Transpiration durch Regulierung der Spaltöffnungen eingeschränkt, um Wasser zu sparen. Da nun auch weniger Kohlenstoffdioxid aufgenommen wird und so keine Fotosynthese betrieben werden kann, bricht die Transportkette zusammen. Unter anderem dadurch steigt die Grundfluoreszenz an.

Man kann jedoch nicht die F_o-Werte verschiedener Pflanzen vergleichen, da die Grundfluoreszenz auch von der Chlorophyllmenge abhängt. Eine größere Pflanze könnte zwar eine höhere Grundfluoreszenz als eine kleine haben, wäre aber eventuell weniger gestresst. Die maximale Fluoreszenz (F_m), die durch einen Lichtblitz generiert wird, wird als Maß der Chlorophyllmenge verwendet. Dann wird die Differenz von F_m und F_o, die variable Fluoreszenz (F_v), durch die Maximalfluoreszenz (F_m) dividiert. Diesen Parameter nennt man die maximale Quantenausbeute der Fotosystems II (F_v/F_m). Sie kann als Maß für den Dürrestress einer Pflanze verwendet werden (Woo et al., 2008).[7] F_v/F_m ist einheitenlos. Eine Pflanze ist vital und gesund, wenn der F_v/F_m-Wert mindestens 0,7 beträgt; ist sie gestresst, sinken die Werte.

3.2.2. DIE HARD- UND SOFTWARE

Die Aufnahmen konnte ich mit einer Chlorophyllfluoreszenzkamera des Typs FC 800-C der Firma PSI (Photon Systems Intruments) machen. Die Kamera ist mit einem Charge-coupled Device (CCD) ausgestattet, der eine hochauflösende Aufnahme in einem bestimmten Wellenlängenbereich möglich macht. Die Bilder werden in einer Auflösung von 1329 x 1040 Pixel erstellt. Es gibt vier Messlichter, zwei davon im Wellenlängenbereich 400-500 nm (blau markiert), zwei im Bereich 625-700 nm (rot dargestellt) und einen zusätzlichen Filter, der die Aufnahme im Bereich 475-600 nm erlaubt.

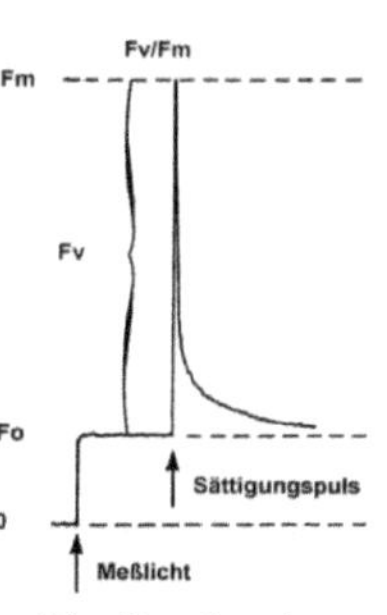

Abb. 9: Darstellung der Fluoreszenzparameter

---

[7] www.plantmethods.com/content/4/1/27, 11.01.2009, A rapid, non-invasive procedure for quantitative assessment of drought using chlorophyll fluorescence

4. Durchführung

4.1. VORVERSUCHE

Ich habe zwei Vorversuche durchgeführt, anhand derer ich die Durchführung der Hauptversuche planen wollte. Für diese Versuche verwendete ich überschüssige Pflanzen, die noch nicht vereinzelt waren.

4.1.1. DUNKELADAPTION

In dem ersten Versuch habe ich untersucht, wie lange ich die Pflanzen dunkeladaptieren muss, damit repräsentative Ergebnisse erzielt werden können. Dazu habe ich fünf Versuchsreihen à zwei Pflanzen gebildet, mit denen wie folgt vorgegangen wurde:

NR.	ZEIT [MIN]	BESCHREIBUNG	F_0-WERT
1	0	Direkt in die Kamera.	311.23
2	10	In der Dunkelkammer.	213.34
3	10	Im Schuhkarton.	202.45
4	20	In der Dunkelkammer.	195.87
5	20	Im Schuhkarton.	187.91

Tab. 1: Planung und Ergebnisse vom Versuch zur Feststellung der nötigen Dunkeladaption durch Vergleich der F_0-Werte

Der F_0-Wert der Pflanze, die nicht dunkeladaptiert wurde, ist deutlich höher als der der anderen. Die Unterschiede zwischen Dunkelkammer und Schuhkarton und zwischen 10 und 20 Minuten fallen verhältnismäßig gering aus. Deshalb habe ich mich entschlossen, die Pflanzen 10 Minuten in der Dunkelkammer zu adaptieren.

4.1.2. DÜRREPERIODEN

Mit weiteren Versuchen wollte ich herausfinden, wie lang die Dürreperioden sein sollten und in welchen Intervallen ich am besten messen würde. Dies war nötig, weil es bis auf die Angabe des Zeigerwerts, der nur auf Fundortsstatistiken basiert, keine näheren Angaben zur Dürretoleranz von *Althaea officinalis* gibt; anders als z. B. bei *Arabidopsis*, zu der es etliche Untersuchungen gibt.

In dem Versuch wurden vier Pflanzen eine Woche lang nicht mehr gegossen und nach 6 Tagen Chlorophyllfluoreszenzmessungen vorgenommen. Die Ergebnisse waren folgende:

PFLANZE	VORHER (TAG 0) F_v/F_m	NACHHER (TAG 6) F_v/F_m
1	0.72	0.49
2	0.74	0.55
3	0.76	0.62
4	0.73	0.41

Tab. 2: Versuch zur groben Feststellung der Dürreanfälligkeit von Althaea officinalis durch Messung des F_v/F_m Wertes

Wie zu erkennen ist, ist *Althaea officinalis* dürresensibel. Die Werte deuten darauf hin, dass die Pflanzen mehr als zwei Wochen Dürre wahrscheinlich nicht überleben würden. Deshalb habe ich die Dürreperioden im Zwei-Tages-Rhythmus angesetzt (immer x+2; also 2,4,6... Tage Trockenbehandlung).

4.2. HAUPTVERSUCHE

28 Pflanzen hatte ich für die Hauptversuche eingeteilt. Diese teilte ich in sieben Gruppen à vier Pflanzen ein. Die Versuchsreihen wurden nach folgendem Plan trockenexponiert:

VERSUCH	TAGE NICHT GEGOSSEN
Kontrollversuch	0
Versuch A	2
Versuch B	4
Versuch C	6
Versuch D	8
Versuch E	10
Versuch F	13

Tab. 3: Planung des Hauptversuches

Nachdem sie der geplanten Dürreperiode ausgesetzt waren, wurden die Pflanzen wieder gegossen, damit herausgefunden werden konnte, ob sie sich wieder erholen.

Die Messungen begannen am 17. November. Jeden Montag, Mittwoch und Freitag von ca. 16:00-17:30 war ich in der Universität, um zu messen. Zuerst brachte ich alle Pflanzen 10 Minuten in die Dunkelkammer, damit eine Dunkeladaption stattfinden konnte, anschließend machte ich die Aufnahmen. Zusätzlich fotografierte ich die Pflanzen noch einmal mit einer normalen Digitalkamera.

5. Ergebnisse

Die hier abgebildeten Diagramme zeigen den Verlauf der Mittelwerte, die aus den Messergebnissen der einzelnen Pflanzen gebildet wurden. Auf der X-Achse ist die Zeit in Tagen aufgetragen, auf der Y-Achse die Chlorophyllfluoreszenz im Parameter F_v/F_m. Die Fehlerbalken zeigen die Stichprobenstandardabweichung als Maß der Varianz. In dem orange hinterlegten Bereich wurde nicht gegossen.

Zu jedem Versuch sind Naturaufnahmen und Falschfarbendarstellungen der Chlorophyllfluoreszenz (F_v/F_m) abgebildet. Die Falschfarbendarstellungen folgen alle der folgenden Legende. Je kühler die Farbe wird, desto gestresster ist die Pflanze.

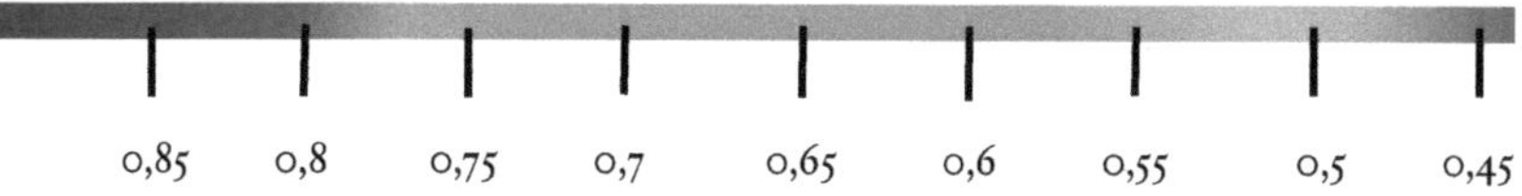

Abb. 13: Maßstab für die Falschfarbenabbildungen der Chlorophyllfluoreszenz (F_v/F_m)

KONTROLLVERSUCH

Diagramm 1 zeigt den Verlauf der F_v/F_m-Werte des Kontrollversuchs. Die Stichprobenstandardabweichung zeigt, dass die Werte zu Beginn (1.-3. Tag) etwas gestreut waren. Eine Pflanze hatte dort den Wert 0,64, während die anderen im Bereich von 0,73-0,76 lagen. Danach gleichen sich die Werte der Pflanzen an. Am Ende (ab dem 24. Tag) sinken die Werte auf durchschnittlich 0,70. Bei den anderen Versuchsreihen ist ebenfalls ein Sinken zu verzeichnen.

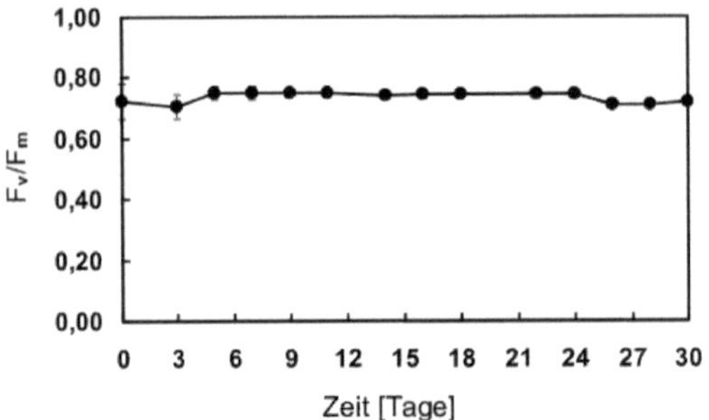

Diagramm 1: Chlorophyllfluoreszenz als Maß des Stresszustandes trockenexponierter Althaea officinalis im Kontrollversuch

Abb. 14 u. 15: Pflanze 1 des Kontrollversuches am 3. Messtag

VERSUCH A

Diagramm 2 zeigt den Verlauf der F_v/F_m-Werte von Versuch A, der vom 1. bis zum 3. Tag trockenexponiert wurde. Es wird deutlich, das die Messwerte in diesem Bereich auf durchschnittlich 0,68 sinken. In dem Bereich bleiben sie bis zum 7. Tag. Vom siebten zum neunten Tag fallen die Werte auf 0,63. Zum 11. Tag stabilisieren sie sich wieder auf im Durchschnitt 0,71. Danach bleiben sie in einem gesunden Bereich. Auch die Fotos belegen, dass die Pflanzen gesund und kräftig sind.

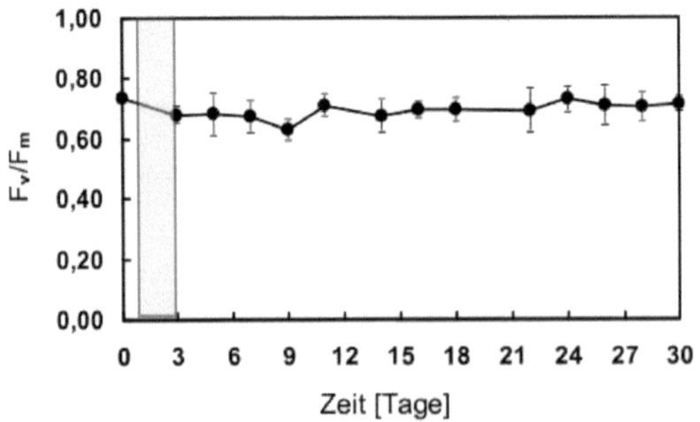
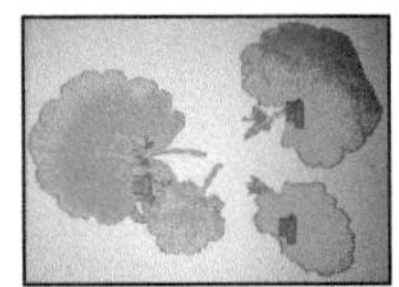

Diagramm 2: Chlorophyllfluoreszenz als Maß des Stresszustandes trockenexponierter Althaea officinalis in Versuch A

Abb. 16 u. 17: Pflanze 1 von Versuch A am 3. Messtag

Diagramm 3 zeigt den Verlauf der F_v/F_m-Werte von Versuch B, dessen Versuchspflanzen vom 1. bis zum 4. Tag nicht gegossen wurden. Wie auch bei Versuch A ist nach Einsetzen der Dürreperiode ein Sinken der Messwerte zu bemerken. Mit einem Maximum von 0,66 und einem Minimum von 0,21 sind vom 5. bis zum 14. Tag große Schwankungen der Werte vorhanden. Vom 14. bis zum 22. Tag befinden sich die Werte im Bereich von 0,54 bis 0,69. Vom 22. bis zum 28. Tag gibt es wieder große Unterschiede von 0,22 bis 0,71. Anhand der Werte ist den Pflanzen nur begrenzt eine individuelle Tendenz nachzuweisen. Die Fotos (s. Abb. 18) belegen jedoch, dass die Pflanzen 1 und 2 eher ungesund und die Pflanzen 3 und 4 in gutem Zustand sind.

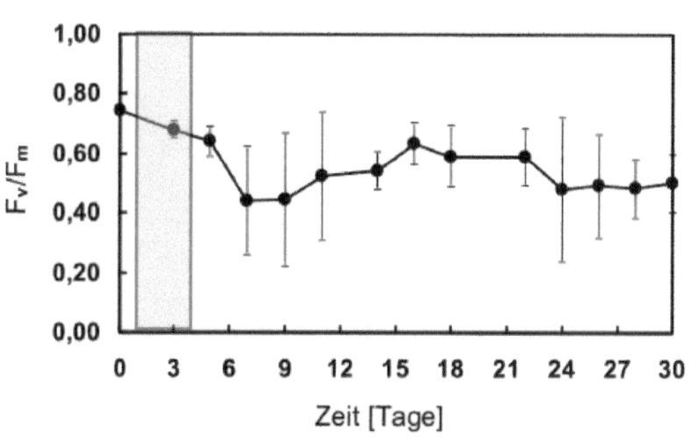

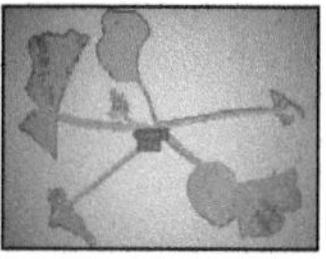

Abb. 18 u. 19: Pflanze 1 von Versuch B am 3. Messtag

Diagramm 3: Chlorophyllfluoreszenz als Maß des Stresszustandes trockenexponierter Althaea officinalis in Versuch B

Abb. 20: Pflanze 3 u. 1 von Versuch B am 7. Messtag

VERSUCH C

Diagramm 4 zeigt den Verlauf der F_v/F_m-Werte von Versuch C, dessen Dürreperiode vom 1. bis 6. Tag andauerte. Die Kurve verläuft in der Zeit der Dürreperiode sinkend bis zu einem Wert von 0,59. Auch die Fotos vom 6. Tag zeigen, dass die Pflanze gestresst ist. Vom 7.-16. Tag weichen die Werte der einzelnen Pflanzen etwas voneinander ab, wie die Stichprobenstandardabweichung zeigt. Ab dem 16. Tag bleiben sie im Bereich von 0,66-0,72. Die Pflanzen 1-3 haben ihre alten Blätter restabilisieren können, bei Pflanze 4 waren sie schon nekrotisch (verdorrt), so dass sie junge Blätter gebildet hat, die dann das Überleben sicherten. Dies belegt die 4. Hypothese.

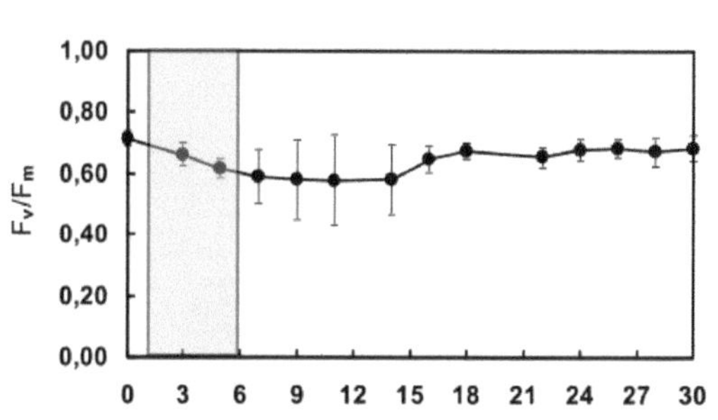

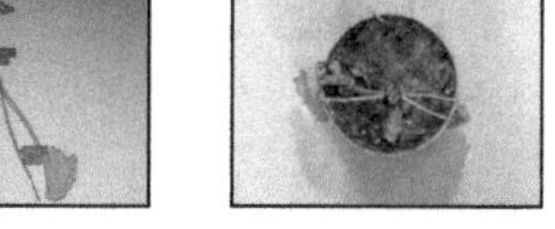

Abb. 21 u. 22: Pflanze 1 von Versuch C am 7. Messtag

Diagramm 4: Chlorophyllfluoreszenz als Maß des Stresszustandes trockenexponierter Althaea officinalis in Versuch C

Abb. 23: Pflanze 4 u. 1 von Versuch C am 28. Messtag

VERSUCH D

Diagramm 5 zeigt den Verlauf der F_v/F_m-Werte von Versuch D, der vom 1. bis 8. Tag nicht gegossen wurde. Nach Einsetzen der Dürre sinken die Werte rapide auf durchschnittlich 0,38 am 7. Tag. Danach erholen sie sich nicht mehr. Ab dem 14. und 16. Tag lässt ein Fehler im Computersystem keine Analyse der Bilder zu (s. dazu 6.3. Technische Ungenauigkeiten). Die Bilder und die vorangegangenen Werte zeigen jedoch, dass die Pflanzen nicht mehr überlebensfähig sind. Pflanze 2 hingegen erholt sich wieder: Abb. 20 zeigt, dass die alten Blätter abgestorben sind, jedoch junge wieder nachkommen konnten. Die Werte steigen vom 16. Bis 22. Tag von 0,42 auf 0,64. Danach steigen sie nur noch langsam, bis sie am 30. Tag den Optimalwert, 0,74, erreicht haben. Sie kann also wieder effektiv Fotosynthese betreiben. Ab dem Tag, an dem nur noch Pflanze 2 Ergebnisse lieferte, sind im Diagramm keine Werte mehr eingetragen, da die Werte einer Pflanze nicht repräsentativ für vier andere sind.

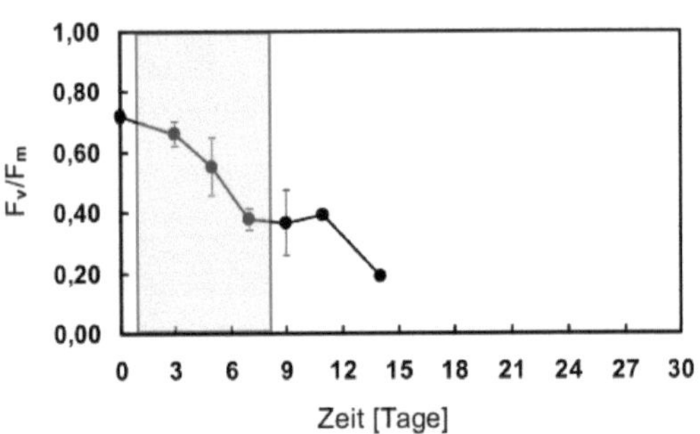

Diagramm 5: *Chlorophyllfluoreszenz als Maß des Stresszustandes trockenexponierter Althaea officinalis in Versuch D*

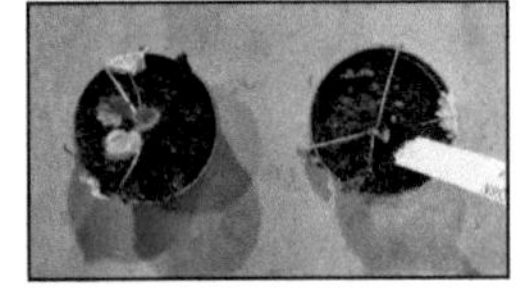

Abb. 24 u. 25: Pflanze 1 von Versuch D am 21. Messtag

Abb. 26: Pflanze 1 u. 2 von Versuch D am 23. Messtag

VERSUCH E

Diagramm 6 zeigt den Verlauf der F_v/F_m-Werte von Versuch E, der vom 1. bis 10. Tag trockenexponiert wurde. Wie bei Versuch D sinken die Werte rapide bis zum 7. Tag. Dann stabilisieren sie sich bei durchschnittlich 0,36. Die Stichprobenstandardabweichung zeigt jedoch, dass es dabei Abweichungen gibt. Ab dem 14. Tag gibt es keine Messergebnisse mehr. Auch hier zeigen die Fotos, dass die Pflanzen nicht mehr überlebensfähig sind.

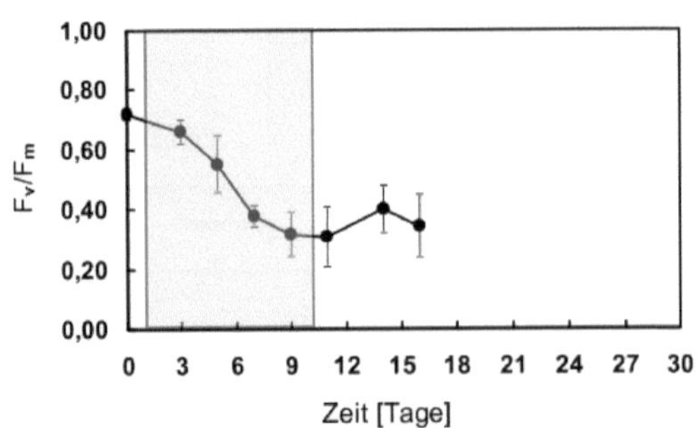

Diagramm 6: *Chlorophyllfluoreszenz als Maß des Stresszustandes trockenexponierter Althaea officinalis in Versuch E*

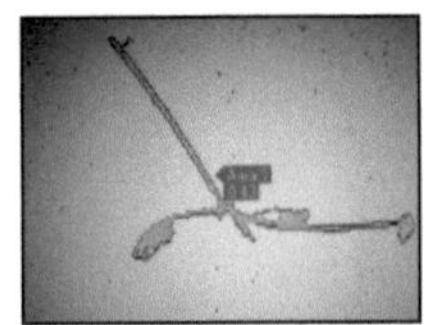

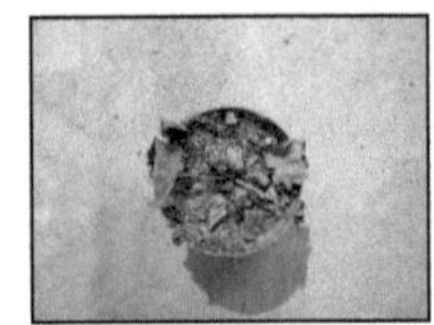

Abb. 27 u. 28: Pflanze 1 von Versuch E am 10. Messtag

Diagramm 7 zeigt den Verlauf der Fv/Fm Werte von Versuch F, dessen Pflanzen vom 1. bis 13. Tag Dürre ausgesetzt wurden. Mit einem Regressionswert (R^2), der bei Trendlinien die Genauigkeit anzeigt, von 0,989 lässt sich die Kurve vom 0. bis 14. Tag als so gut wie linear bezeichnen. Allerdings zeigt die Stichprobenstandardabweichung, dass es am 5. und am 7. Tag durchaus Differenzen gibt. Am 7. Tag liegt der Durchschnittswert bei 0,42, am 14. bei 0,09. Danach gibt es auch hier keine Messergebnisse mehr.

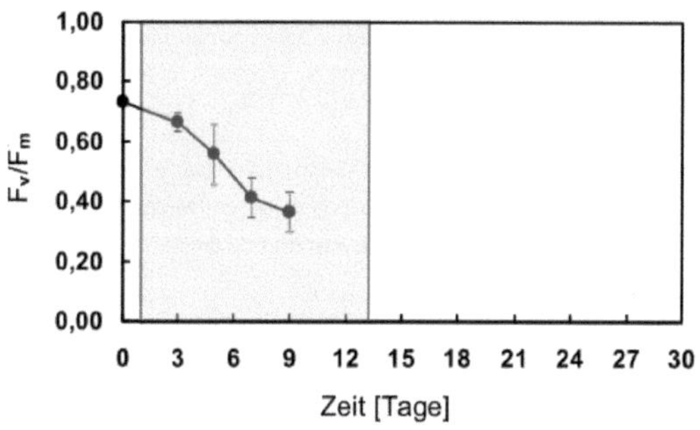

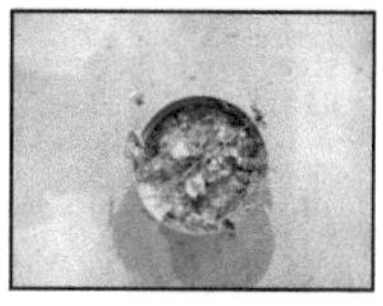

Diagramm 7: Chlorophyllfluoreszenz als Maß des Stresszustandes trockenexponierter Althaea officinalis in Versuch F

Abb. 29: Pflanze 1 von Versuch F am 12. Messtag
Abb. 30: Pflanze 1 von Versuch F am 9. Messtag

6. Diskussion

6.1. AUSWERTUNG DER ERGEBNISSE

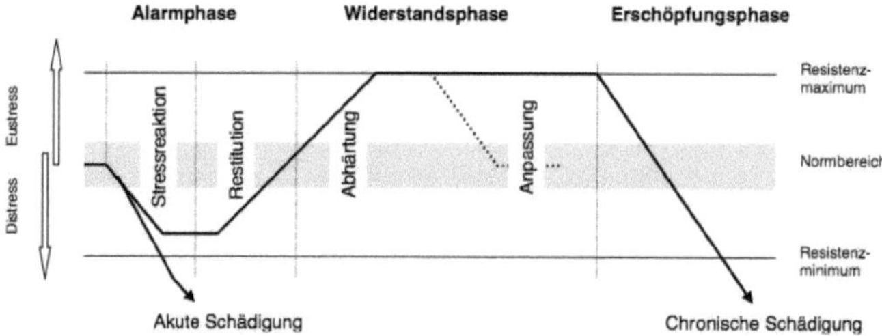

Abb. 31: Das Phasenmodell des Stressgeschehens

Die Abbildung zeigt das Phasenmodell des Stressgeschehens nach Selye (1936) und Stocker (1947) aus Larcher (1994). Durch äußere Einflüsse kommt es in der Alarmphase zu einer Stressreaktion, durch welche wichtige Funktionen gestört werden. Ist der Stress nicht zu kompensieren, tritt eine akute Schädigung ein. Andernfalls reagiert die Pflanze mit restabilisierenden Gegenmaßnahmen, was Restitution genannt wird. Anschließend kommt es in der Widerstandsphase zu einer Abhärtung (einer Überkompensation) im Bereich des Eustresses, der sich positiv auf die Pflanzenentwicklung auswirkt. Diese Abhärtung kann gelingen, was zur Anpassung führt, oder bei zu starker Belastung in die Erschöpfungsphase führen, die in einer chronischen Schädigung endet. Im Umgang mit diesem Diagramm ist es wichtig zu beachten, dass die Chlorophyllfluoreszenz auch bei Eustress sinkt und nicht, wie das Phasenmodell eventuell nahelegt, steigt.

In Versuch A kommt es zu einer schwachen Stressreaktion, auf die eine Restitutionsphase folgt. Doch schon kurz nach Beginn derselben bekommt die Pflanze wieder Wasser, so dass keine Abhärtung erfolgt.

Versuch B lässt sich nicht so eindeutig interpretieren, da die Unterschiede unter den Messwerten sehr groß sind. Weiterhin gibt es keine offensichtlichen Gründe für den schlechten Zustand von Pflanze 1 und 2.

In Versuch C verhält es sich ähnlich wie in Versuch A, mit dem Unterschied, dass auf Grund der längeren Dürreperiode die Stressreaktion heftiger ausfällt und die Restitutionsphase länger andauert. Wie auch in Versuch A wird die Restitutionsphase durch erneute Wasserzufuhr unterstützt.

In Versuch A, B und C wird die Stichprobenstandardabweichung als Maß der Varianz nach der Trockenbehandlung größer. Das könnte an der genetischen Varianz der Einzelpflanzen hinsichtlich ihrer stoffwechselphysiologischer Adaption an den Trockenstress liegen. Eine Untersuchung mit einem größeren Stichprobenumfang würde es erlauben, einzelne Werte als Ausreißer erkennen.

In Versuch D ist die Stressreaktion wesentlich stärker als in den vorangegangenen. Eine Restitution und eine Abhärtung erfolgen, weshalb die Werte weiter sinken. Doch eine Anpassung gelingt nur einer Pflanze, bei den anderen dreien kann selbst die in der Erschöpfungsphase einsetzende Wasserzufuhr die chronische Schädigung nicht verhindern.

In den Versuchen E und F sind die meisten Pflanzen schon vor Ende der Dürreperiode chronisch geschädigt. Die anderen gehen auch bald ein.

Ich konnte also meine 1., 3. und 4. Hypothese verifizieren: Die Pflanzen reagierten unterschiedlich stark auf Dürreperioden unterschiedlicher Länge, in einer Versuchsreihe überlebten einige Individuen, andere nicht und bei starker Schädigung der alten Blätter kommen junge wieder nach. Zu der zweiten Hypothese kann ich leider keine Ergebnisse liefern, da ich nicht mit dem Guten Heinrich arbeiten konnte.

Zu beachten ist, dass die Pflanzen die ganze Zeit, abgesehen vom Wassermangel in der Zeit der Dürreperiode, unter optimalen Bedingungen lebten. Beispielsweise blieb ihnen Hitze, geringe Luftfeuchtigkeit und starke Lichteinstrahlung, die den Dürreeffekt noch verstärkt hätten, erspart.

6.3. TECHNISCHE ANMERKUNGEN

Zu den Messungen der Chlorophyllfluoreszenz sind noch folgende technische Anmerkungen zu Ungenauigkeiten in den Messergebnissen zu machen. Diese Ungenauigkeiten liegen an dem Programm, das die Fotos analysiert.

1. Da auch die Erde, die die Pflanze umgibt, fluoresziert, muss man vor der Analyse den Button „Background exclusion" drücken, damit dieser nicht mitanalysiert wird. Das Programm schneidet diesen Hintergrund dann aus. Das Programm erkennt den Hintergrund dadurch, dass er nicht gleichmäßig fluoresziert wie das Blatt, sondern aus einzelnen kleinen Erdbrocken besteht. Bei gesunden Pflanzen (also Versuch A bis C) funktioniert das einwandfrei. Wenn die Pflanze jedoch sehr ungesund ist, wie in den Versuchen D bis F, ist die Fluoreszenz der Pflanze nicht von der des Bodens zu unterscheiden. Dann wird auch die Pflanze ausgeschnitten und man kann sie nicht mehr analysieren. Deshalb gibt es bei den Versuchen D bis F ungefähr ab dem 14. Messtag (30.11.2009) keine Ergebnisse (Ausnahme Pflanze D2, da sie gesund war). Die Pflanzen könnten also durchaus noch einen F_v/F_m-Wert von 0,2 o. Ä. gehabt haben. Wie die Fotos jedoch belegen, waren die Pflanzen so gut wie tot.

2. Für die Analyse unterteilte das Programm das erzeugte Foto stets automatisch in fünf „Areas". Von jedem Bereich wurde dann ein F_v/F_m-Durchschnittswert errechnet, so dass man am Ende von jeder Pflanze fünf Werte erhielt. Aus diesen habe ich den Mittelwert errechnet. Das ist der Wert, der in der Tabelle als einzelner Wert für die Pflanze verzeichnet ist. Die „Areas" sind allerdings nicht gleich groß. Ein kleines Blatt mit ca. 2 cm^2 und ein großes Blatt mit ca. 5 cm^2 waren jeweils ein Bereich. In der Berechnung des Mittelwertes wurden beide jedoch gleich gewichtet. Dadurch entstand eine unterschiedliche Datenbasis, welche aber auf Grund der Verwendung des F_m-Wertes als Bezugsgröße für F_o (s. 3.2.1. Chlorophyllfluoreszenz) vernachlässigt werden kann.

6.2. FAZIT

Aus den Ergebnissen lässt sich schlussfolgern, dass Dürreperioden von bis zu sechs Tagen bei *Althaea officinalis* keine bleibenden Schäden hinterlassen. Bei einer Trockenbehandlung von 8 Tagen ist das Überleben der Pflanze sehr fraglich, denn nur eine von vier Pflanzen hat überlebt. Ab 10 Tagen Dürre sind alle Pflanzen chronisch geschädigt, die Überlebenschance geht gegen null.

Wenn die Szenarien der Klimaforscher eintreten, ist *Althaea officinalis* noch gefährdeter als bisher, da sie auf Grund ihrer geringen Dürretoleranz nur noch in feuchten Rückzugsgebieten überleben können wird. Da viele Pflanzen wie *Althaea officinalis* nicht an Dürre adaptiert sind, besteht die Gefahr, dass die Flora an Biodiversität verliert.

Es gibt Klimaforscher, deren Szenarien das Stoppen des Golfstroms, der für unser mildes Klima sorgt, durch das Abschmelzen der Polkappen voraussagen.[8] Das würde bedeuten, dass es bei uns wesentlich kälter würde. Pflanzen, die dürretolerant sind, sind häufig auch frosttolerant. Die Stoffwechselprozesse, die zur Ausprägung der Toleranz führen, z. B. der Anstieg kompatibler Solute wie der Aminosäure Prolin, sind nämlich häufig die gleichen.[9] Das würde bedeuten, dass auch bei Eintreten dieses Szenarios eine Gefährdung für *Althaea officinalis* wahrscheinlich wäre. Dazu müssten noch weitere Untersuchungen durchgeführt werden.

6.4. AUSBLICK

Ich plane, weitere physiologische Untersuchungen von *Althaea officinalis* sowie Freilandversuche durchzuführen, um meine Aussagen noch weiter zu belegen. Gerade begonnen haben Vorbereitungen der Messungen zur Bestimmung der Transpirationsrate trockenexponierter Pflanzen mit Hilfe eines Potetometers, um Aufschluss über die Regulierung der Spaltöffnungen bei einsetzendem Trockenstress zu erhalten. Ergebnisse werden voraussichtlich im Mai vorliegen, da die Pflanzen noch in Anzucht sind.

Sehr interessant wäre die Untersuchung der Dürretoleranz weiterer einheimischer Arten. Man könnte dann zusätzlich Freilandversuche machen, in denen eine ganze Pflanzengesellschaft (beispielsweise eine Staudenflur) trockenexponiert würde. Anhand der Ergebnisse ließen sich Modellierungen über die Auswirkungen des Klimawandels auf die Flora erstellen und Möglichkeiten zum Schutz der Flora finden.

Weiterführende Fragestellungen wären auch, wie sich zusätzliche abiotische Faktoren wie etwa Hitze und starke Lichteinstrahlung auf die Dürretoleranz auswirken.

---

[8] http://www.germanwatch.org/kliko/k25golf.htm, 08.01.2010, Artikel über das mögliche Stoppen des Golfstroms

[9] Steubing, L. und Fangmeier, A.: Pflanzenökologisches Praktikum, Ulmer Verlag, Stuttgart 1992

7. Persönliche Erkenntnisse und kritische Rückschau

Ich persönlich habe mit diesem Projekt nicht nur viel Freude gehabt, sondern ich habe auch einiges dazugelernt, wie das Planen und Durchführen wissenschaftlicher Experimente und Recherchen, das Auswerten von Ergebnissen und das Verfassen eines Aufsatzes. Außerdem musste ich einiges an Disziplin aufbringen, schließlich stand ich jeden zweiten Tag eineinhalb Stunden im Labor.

In der Rückschau kann ich bemerken, dass es besser gewesen wäre, früher anzufangen, weil man auf einen Nicht-keimer dann noch besser hätte reagieren und Ersatzpflanzen hätte heranziehen können.

Danksagung

Hiermit möchte ich mich bei meinen Projektbetreuern Herrn Söhlke, Leiter der Jugend-Forscht-AG am Ratsgymnasium Osnabrück, und Herrn Dr. Nagel-Volkmann, meinem Physiklehrer, für Ratschläge und das Korrekturlesen der Arbeit bedanken. Weiterhin danke ich Frau Prof. Dr. Scheibe, Leiterin der Abteilung für Pflanzenphysiologie an der Universität Osnabrück, und Herrn Dr. Hanke dafür, dass sie mir die Arbeit in ihren Laboratorien ermöglicht haben. Auch ohne die Hilfsbereitschaft zahlreicher Mitarbeiter der Abteilung und ganz besonders der Gärtnerinnen hätte ich mein Projekt nicht durchführen können.

Sollten sich Fehler in meine Arbeit eingeschlichen haben, sind diese selbstverständlich allein mir zuzuschreiben.

Bibliographie

Borrix, H. (Hg.): Pflanzenphysiologie, Gustav Fischer Verlag, Stuttgart 1985

Cornelsen Verlag (Hg.): Das große Tafelwerk - Formelsammlung, Cornelsen Verlag

Fellenberg, G.: Pflanzenwachstum, Gustav Fischer Verlag, Jena, 1981

Heß, Dieter: Pflanzenphysiologie, Ulmer Verlag, Stuttgart 2008, 11. Aufl.

Kutschera, U.: Prinzipien der Pflanzenphysiologie, Spektrum Akademischer Verlag, Heidelberg 2002, 2. Aufl.

Larcher, Walter: Ökophysiologie der Pflanzen, Ulmer Verlag, Stuttgart 1994

Libbert, Eike: Lehrbuch der Pflanzenphysiologie, Gustav Fischer Verlag, Jena 1993, 5. Aufl.

Mengel, Konrad: Ernährung und Stoffwechsel der Pflanze, Gustav Fischer Verlag, Jena 1991, 7. Aufl.

Metzner, Helmut: Pflanzenphysiologische Versuche, Gustav Fischer Verlag, Stuttgart 1982

Nisbet, E.: Globale Umweltveränderungen, Spektrum Akademischer Verlag, Hildesheim 1994

Oberdorfer, Erich: Pflanzensoziologische Exkursionsflora, Ulmer Verlag, 2001 8. Aufl.

Reichholf, Josef: Die Zukunft der Arten, C. H. Beck Verlag, München 2005

Schönwiese, C.-D.: Der globale Klimawandel und seinen Auswirkungen auf Deutschland. Praxis der Naturwissenschaften, 3.2010, 6-15

Schopfer, Peter u. Brennicke, Axel: Pflanzenphysiologie, Spektrum Akademischer Verlag, Hildesheim 2006, 6. Aufl.

Schroeder, F.-G.: Lehrbuch der Pflanzengeographie, Quelle u. Meyer Verlag, Wiesbaden 1998

Seybold, Siegmund: Flora von Deutschland, Quelle u. Meyer Verlag, Wiesbaden 2006, 93. Aufl.

Steubing, L. und Fangmeier, A.: Pflanzenökologisches Praktikum, Ulmer Verlag, Stuttgart 1992

Taiz, Lincoln u. Zeiger, Eduardo: Physiologie der Pflanzen, Spektrum Akademischer Verlag, Heidelberg 2000

Tanaka, Shelley: Klimawandel, Gerstenberg Verlag, Hildesheim 2007

www.floraweb.de, 10.09.2009, Datenbank des Bundesamtes für Naturschutz über einheimische Pflanzen sowie Neophyten.

www.spiegel.de/wissenschaft/natur/, 06.01.2010, Nachrichten aus dem Bereich der Naturwissenschaft

www.itis.gov/servlet/SingleRpt/SingleRpt?search_topic=TSN&search_value=21610, 04.01.2010, Steckbrief von *Althaea officinalis* auf ITIS

www.plantmethods.com/content/4/1/27, 11.01.2009, A rapid, non-invasive procedure for quantitative assessment of drought using chlorophyll fluorescence

www.welt.de/welt_print/article1221714/Gene_gegen_Duerre.html, 09.01.2010, Bericht der WELT über Forschungen an Genmanipulationen der Dürretoleranz

www.psi.cz/download/document/manuals/fluorcam-closed/FluorCam_Operation_Manual.pdf, 03.11.2009, Manual der FluorCam

www.uni-stuttgart.de/bio/bioinst/botanik/lehre/SkriptPP2008.pdf, 08.01.2010, Allgemeines zur Chlorophyllfluoreszenz

www.germanwatch.org/kliko/k25golf.htm, 08.01.2010, Artikel über das mögliche Stoppen des Golfstroms

http://www.germanwatch.org/klima/klideu07.pdf, 04.01.2010, Klimaentwicklung in Deutschland

http://www.psi.cz/products/fluorcams/closed-fluorcam, Die FluorCam FC-800 C

Bildnachweis

Alle Abbildungen selbst erstellt.